病毒怎么溜进身体里

[西] 维克托 · 麦迪纳 Victor Medina 图

[意] 瓦莱里娅 · 巴拉蒂尼 Valeria Barattini
马蒂亚 · 克里维利尼 Mattia Crivellini 文

任鲁愚 译

浙江科学技术出版社

著作合同登记号 图字：11-2022-399

图书在版编目（CIP）数据

病毒怎么溜进身体里 / (西) 维克托·麦迪纳 (Victor Medina) 图；(意) 瓦莱里娅·巴拉蒂尼 (Valeria Barattini)，(意) 马蒂亚·克里维利尼 (Mattia Crivellini) 文；任鲁愚译. -- 杭州：浙江科学技术出版社, 2022.12（2023.10重印）
书名原文: Don't be scared, be prepared! Viruses
ISBN 978-7-5739-0332-7

Ⅰ. ①病… Ⅱ. ①维… ②瓦… ③马… ④任… Ⅲ. ①病毒 - 少儿读物 Ⅳ. ①Q939.4-49

中国版本图书馆CIP数据核字(2022)第190164号

书　　名　病毒怎么溜进身体里
作　　者　［西］维克托·麦迪纳（Victor Medina）图
　　　　　［意］瓦莱里娅·巴拉蒂尼（Valeria Barattini）
　　　　　　　　马蒂亚·克里维利尼（Mattia Crivellini）文
译　　者　任鲁愚

出　　版　浙江科学技术出版社
网　　址　www.zkpress.com
地　　址　杭州市体育场路347号
联系电话　0571-85176593
邮政编码　310006
印　　刷　天津联城印刷有限公司
发　　行　读客文化股份有限公司

开　　本　889 mm × 1194 mm 1/16
印　　张　3
字　　数　25 000
版　　次　2022 年 12 月第 1 版
印　　次　2023 年 10 月第 2 次印刷
书　　号　ISBN 978-7-5739-0332-7
定　　价　59.90 元

责任编辑　卢晓梅
责任校对　李亚学
责任美编　金　晖
责任印务　叶文炀

这本书属于：

你好！

你好！
我在
这里！

你能
看见
我吗？

对！**太棒了！**

你必须用一个特殊的工具——

显微镜，才能看到我！

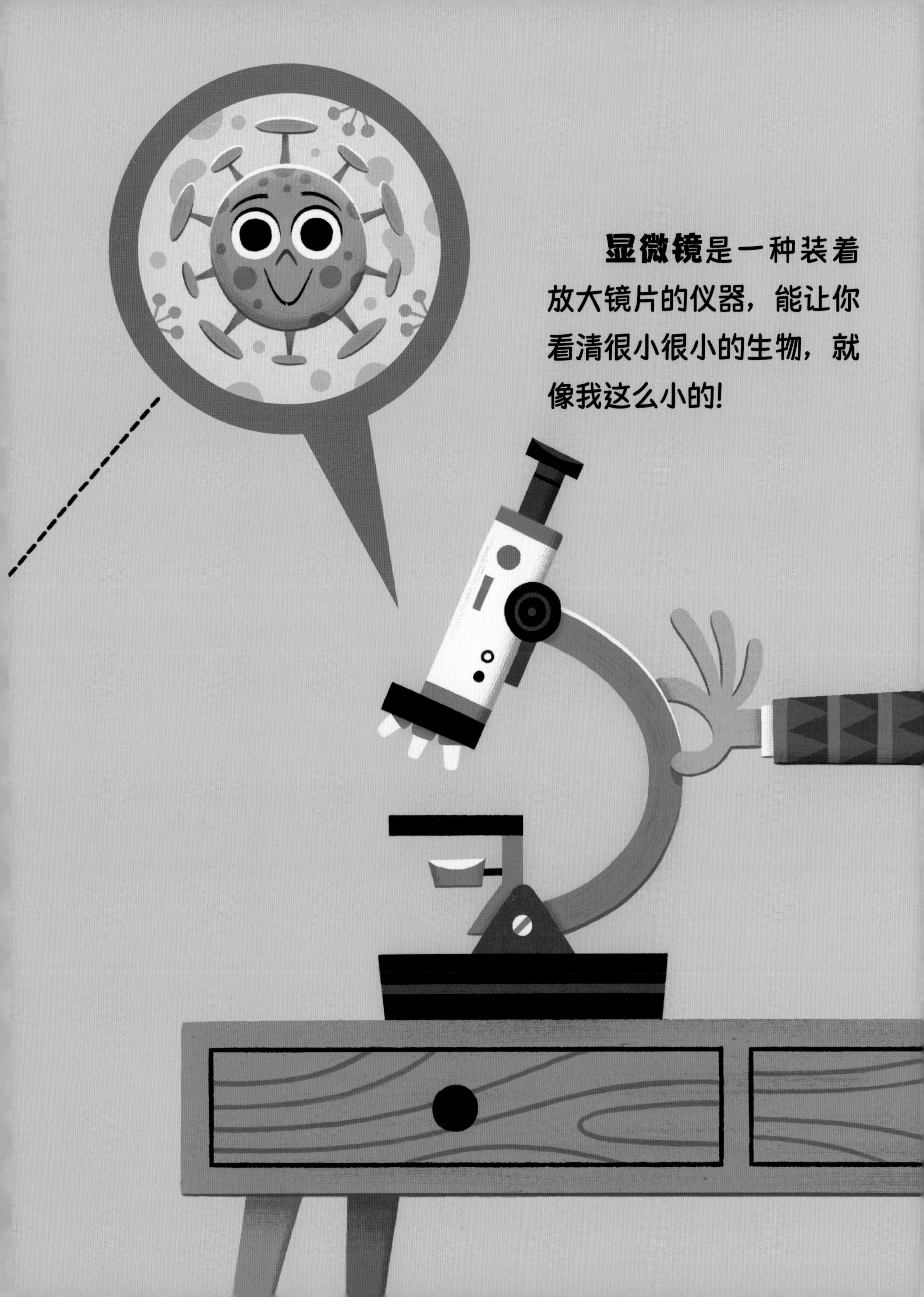

显微镜是一种装着放大镜片的仪器，能让你看清很小很小的生物，就像我这么小的！

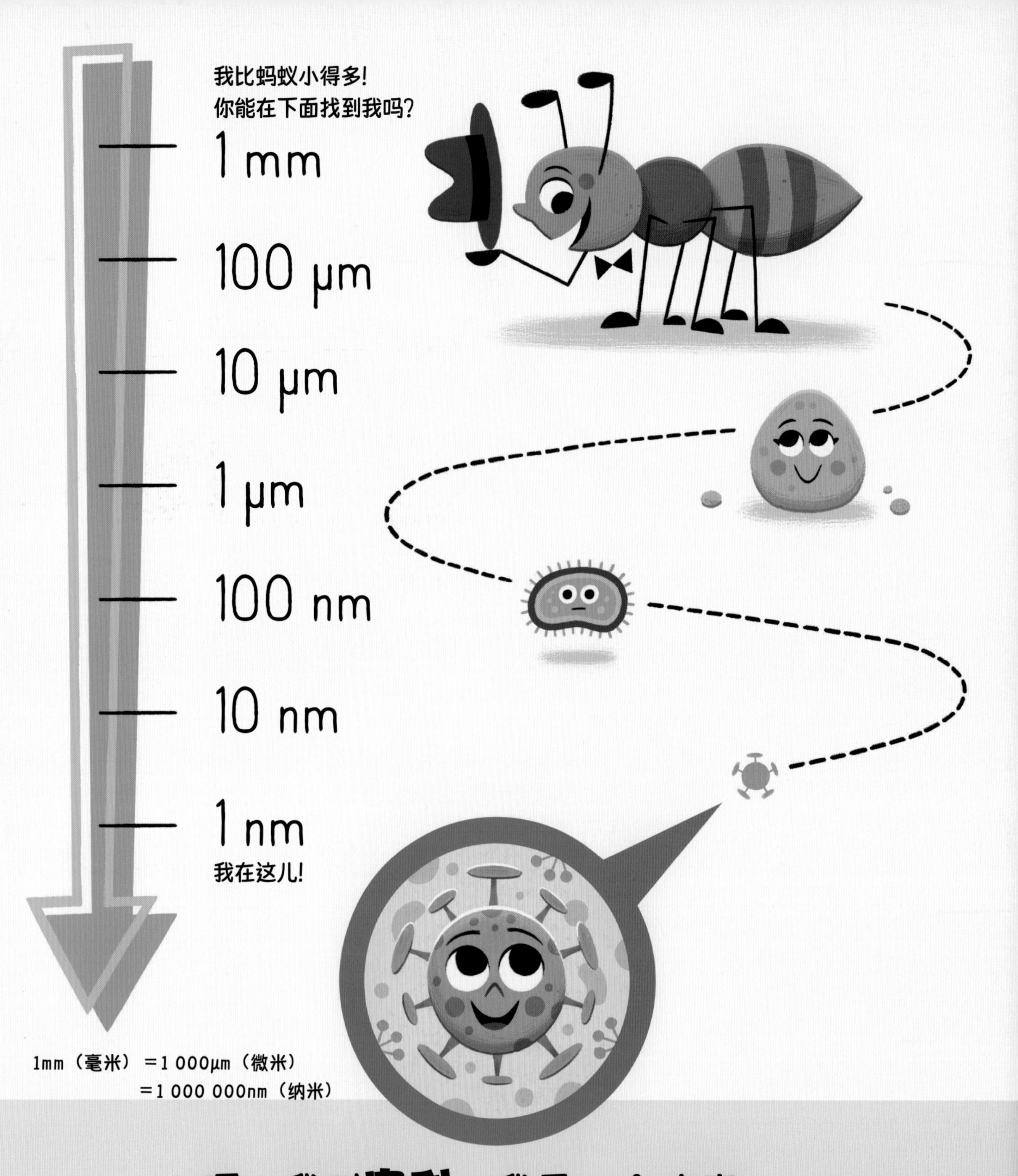

嘿，我叫**奥利**，我是一个病毒。

我的体形非常非常小，比**蚂蚁**还小，

比面包屑或者一粒种子还小，

甚至比你**身体**上最小的部位也小得多。

我真的太小了，
即使一粒小小的沙子也装得下
350 000个和我一样的病毒。
Z
Z
Z

我们病毒和你们人类**大不一样**。

我们不用睡觉，

我们不做作业，

我们甚至不拉大便！

我们很**黏人**，

我们喜欢**旅行**，

我们还非常会玩
捉迷藏。

地球上有**数不清**的病毒，

就像天上有数不清的星星！

你可以在地球上的任何一个地方找到我们：

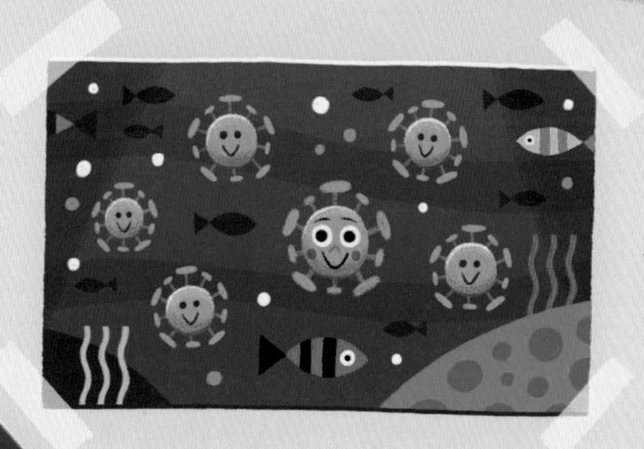

在深深的**大海**里，

在寒冷的**南北两极**，

在原始的**森林**里，

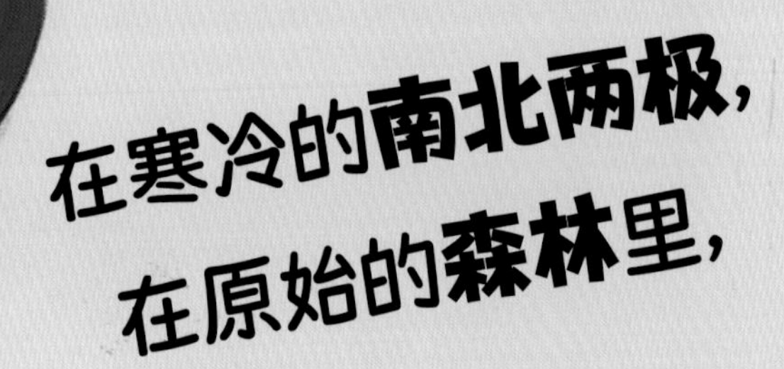

在拥挤的**城市**里，

甚至在你的身体里！

下面，我想介绍一下我的家人——

冠状病毒大家族！

我是最新的成员！

“冠状病毒”，这个名字很有趣，不是吗？“冠状”的意思就是像**皇冠**一样，它是从拉丁语“corona”翻译过来的。你看，我们家族成员的表面都有**刺突**，就像戴着皇冠一样，我们因此而得名。

虽然我们的个头儿很小，

但我们知道如何让人类印象深刻！

病毒家族中的每个成员都有自己的**专长**，

可以让人类患上各种各样的**疾病**。

我来举一些例子：

我的堂兄**鼻病毒**
能让你**感冒**；

我的邻居**轮状病毒**
会让你**肚子疼**；

而我的朋友**疱疹病毒**
能让你**长水痘**！

我们病毒还有可能会制造大流行病，

大流行病是指一种疾病在**世界各地**传播。

因为我们有一种超能力——

可以复制出许多个“自己”，而且速度非常快！

咻——咻——

病毒讨厌孤零零的。

我们总是希望有人或什么东西

能**陪伴**我们，

植物、动物，你能想到的都行。

我们非常善于交际！

比如，

我和**森林动物**是很好的朋友，

而有些病毒更喜欢生活在

沙漠或农场动物身上。

有时我们会感到无聊！

我们就会去环游世界，

认识新朋友！

我就是这样遇到人类的。

嗖——嗖——嗖——

遇见**你**以后，
我就决定从那些动物
朋友的身上跳下来。

我不得不说，
你真是一个适合一起
环游世界的**完美**伙伴！

我们病毒是怎么到处旅行的呢？

一切都多亏了你们人类！

哦，是的，你没听错。

我们不乘坐飞机、汽车，也不骑自行车，

我们只“乘坐”人！

因为有你们人类，我们病毒才能很容易地传播开来。

我们可以**传播**得更快，

也可以到达许许多多遥远的地方。

举个例子，

我能通过你的**鼻子**偷偷溜进你的身体，

只要躲开鼻毛和鼻屎，

我就能进入你的**肺**里啦！

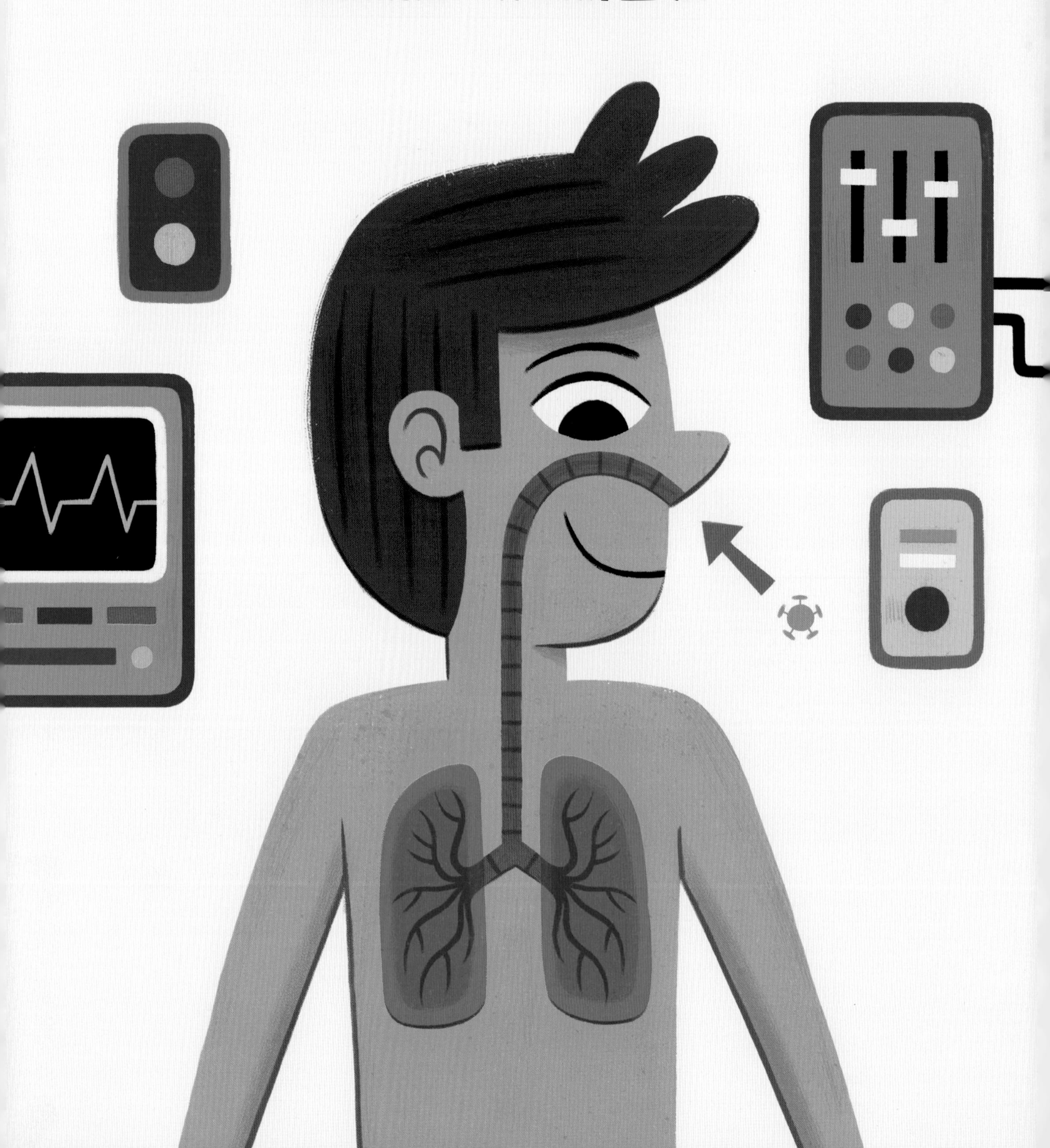

我不得不承认，
有时我会给人体造成严重的伤害。
通常情况下，
我只会让人们在几天内感觉有点不舒服，
但有时候我可能会非常**危险**！

如果我想跑到另一个人身上，
继续自己的旅行，
我只需要——**阿阿阿阿嚏**！
这样我就出发啦！

当然，
咳嗽也是我的一种出行方式。
不过打喷嚏的速度更快，
我这时就像坐上了飞沫赛车，

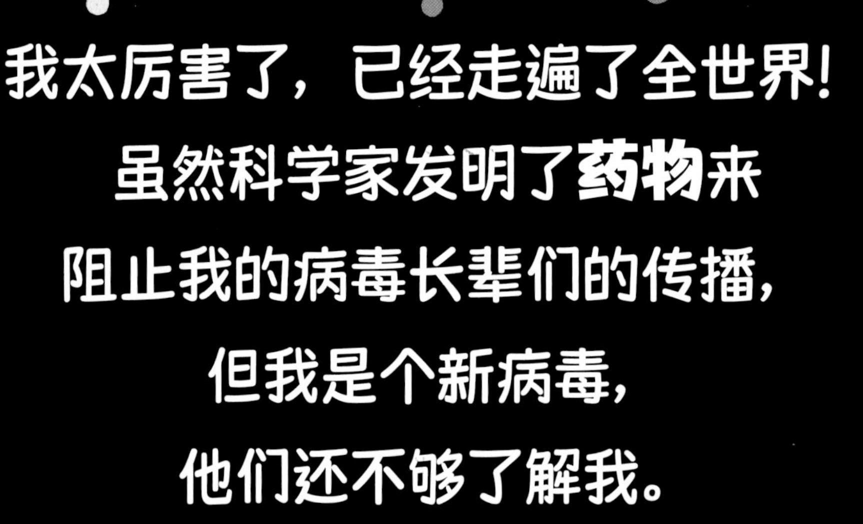

我太厉害了，已经走遍了全世界！
虽然科学家发明了**药物**来
阻止我的病毒长辈们的传播，
但我是个新病毒，
他们还不够了解我。

现在，科学家正在发明能够打败我的**疫苗**。

什么是疫苗？它是人类发明的一种武器，让我们病毒非常害怕，可以减少甚至阻断我们的传播。

疫苗是这样工作的：科学家想打败哪种病毒，就会提取一点点这种病毒，再用打针的方式注射到人的身体里，这样——

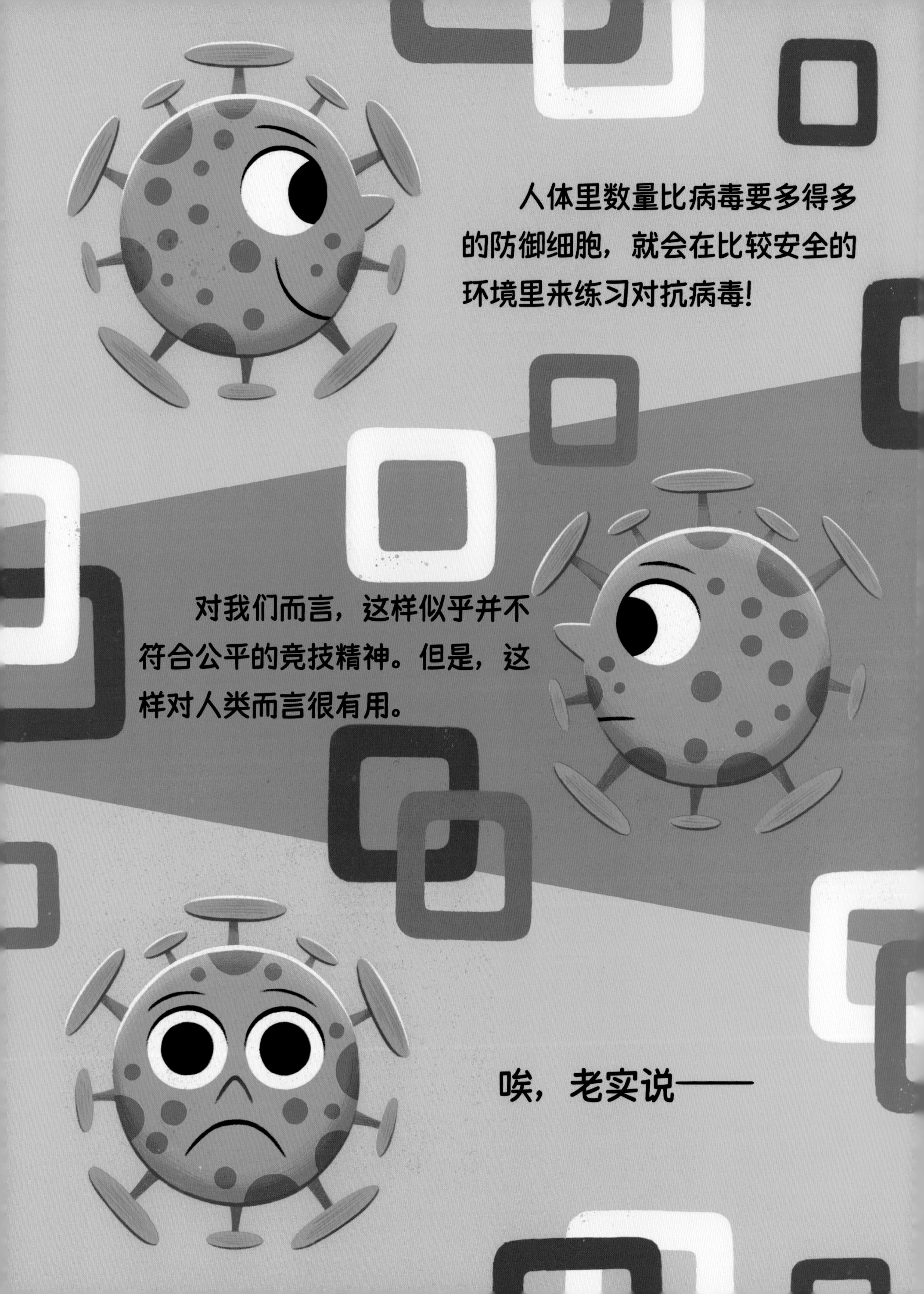

人体里数量比病毒要多得多的防御细胞，就会在比较安全的环境里来练习对抗病毒！

对我们而言，这样似乎并不符合公平的竞技精神。但是，这样对人类而言很有用。

唉，老实说——

还有一种方法可以让
我的传播速度慢下来，
甚至阻止我从一个人身上
跳到另一个人身上。

那就是——

待在家里！

也就是在一段时间里，

你都不能出去和

朋友们玩。

这是能阻止我扩散的

唯一方式，

这也是你很久没能去

学校**上学**的原因！

你知道，我很擅长藏在人们身上。
有时候我藏得太好，
有些人甚至都没发现自己生病了。
他们还带着我到处走，
不知不觉就**感染**了其他人。

所以，

科学家们建立了一些规则！

只要遵守这些规则，
包括孩子们在内的每个人，
都能阻止我去旅行。

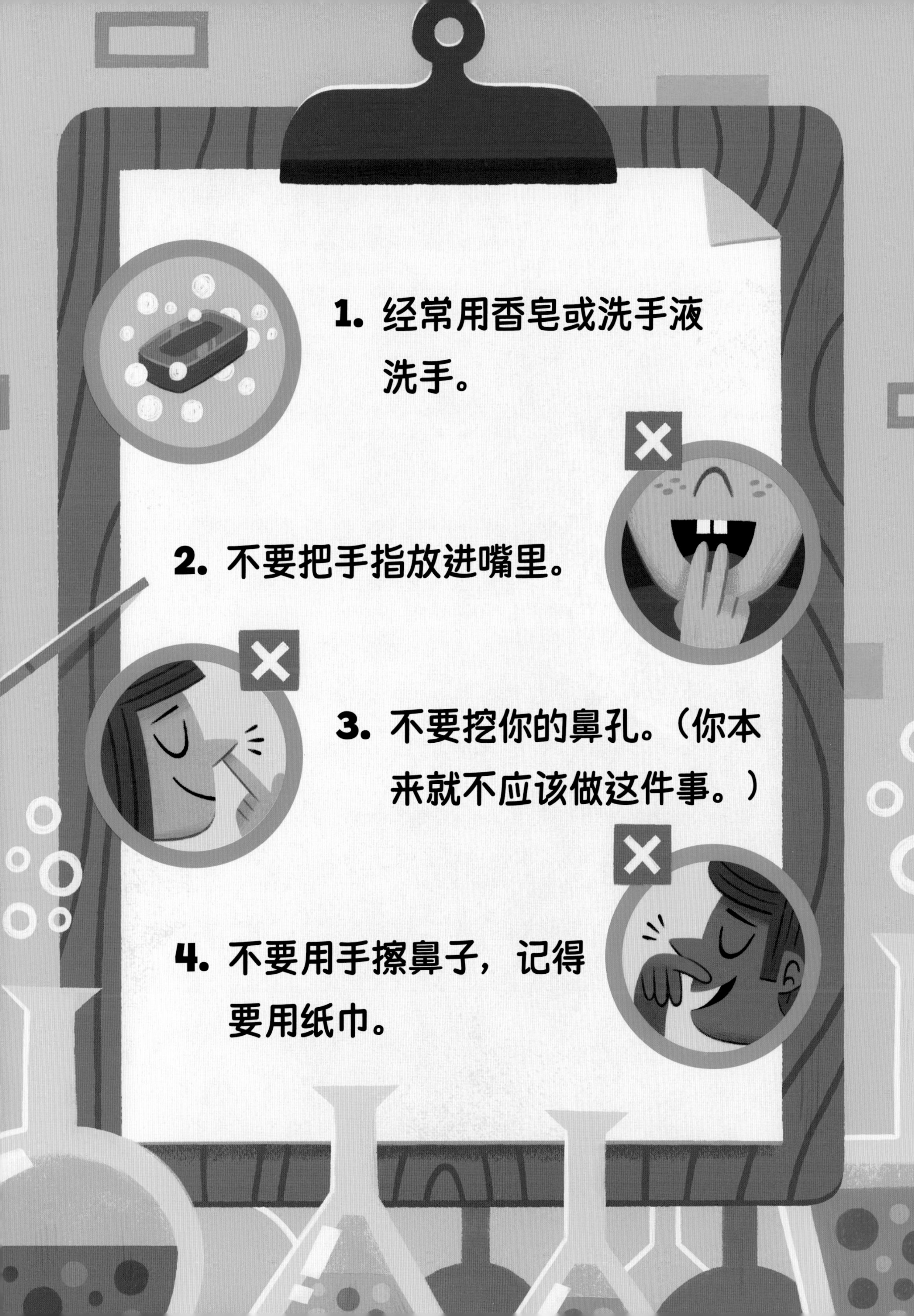
1. 经常用香皂或洗手液洗手。
2. 不要把手指放进嘴里。
3. 不要挖你的鼻孔。（你本来就不应该做这件事。）
4. 不要用手擦鼻子，记得要用纸巾。

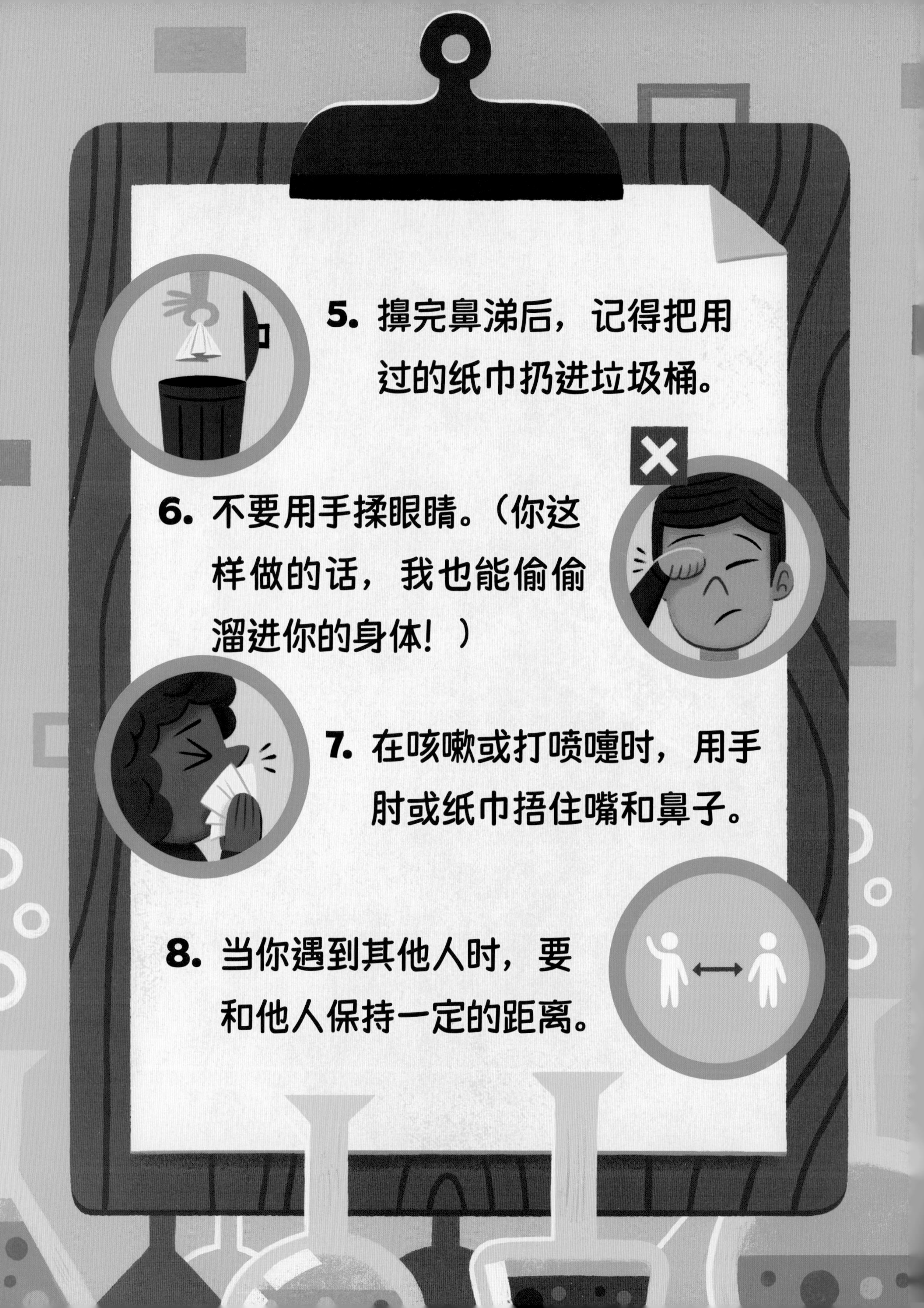
5. 擤完鼻涕后，记得把用过的纸巾扔进垃圾桶。
6. 不要用手揉眼睛。（你这样做的话，我也能偷偷溜进你的身体！）
7. 在咳嗽或打喷嚏时，用手肘或纸巾捂住嘴和鼻子。
8. 当你遇到其他人时，要和他人保持一定的距离。

外出的时候，你还得戴上**口罩**。

这样你就能阻止携带病毒的飞沫飞出来！

如果你遵守了这些规则，

一切都会好起来的，很快！

啊，

你们人类很聪明。

我一见到你就知道了！

虽然我们病毒非常擅长
变异、移动和隐藏，
但是你们人类更厉害，
你们用研究、知识和想象力改变事物，
创造出一个更美好的世界。

奥利
一个不好对付的病毒

献给所有在每一次流行病期间
照顾过我们的医生。

维克托·麦迪纳:

一名自由插画家，住在西班牙马德里。他毕业于马德里康普顿斯大学的设计专业。受装饰艺术、维多利亚时代以及20世纪50年代的设计和插图风格的影响，维克托擅长以几何图形结合大胆的色彩。他获得了应用艺术新人插画奖和西班牙加泰罗尼亚《金山》杂志评论家奖。

瓦莱里娅·巴拉蒂尼:

拥有意大利威尼斯大学的艺术管理学硕士学位和罗马第三大学的博物馆教育学硕士学位。她的工作包括文化教学和教研。自2015年以来，她一直与福斯福罗科学节合作，组织非正式教学领域内的科教宣传活动。

马蒂亚·克里维利尼:

从博洛尼亚大学取得计算机科学学位后，马蒂亚前往美国印第安纳大学学习认知科学。自2011年以来，他一直担任意大利（塞尼加利亚）福斯福罗科学节的主任，还通过文化协会NEXT策划和组织覆盖意大利国内外的科学传播活动、会议和展览。